Bibliografische Information der Deutschen Nationalbibliothek:

Die Deutsche Bibliothek verzeichnet diese Publikation in der Deutschen National-
bibliografie; detaillierte bibliografische Daten sind im Internet über http://dnb.d-
nb.de/ abrufbar.

Impressum:

Copyright © 2012 GRIN Verlag, Open Publishing GmbH
Druck und Bindung: Books on Demand GmbH, Norderstedt Germany
ISBN: 978-3-656-96685-2

Dieses Buch bei GRIN:

http://www.grin.com/de/e-book/300661/bakterizide-wirkung-des-pflanzensekun-
daerstoffs-isothiocyanat-senfoel

Johannes Rößler

Aus der Reihe: e-fellows.net stipendiaten-wissen

e-fellows.net (Hrsg.)

Band 1312

Bakterizide Wirkung des Pflanzensekundärstoffs Isothiocyanat (Senföl)

GRIN Verlag

GYMNASIUM GRAFING

OBERSTUFE 2 0 1 1 / 2 0 1 3

Wissenschaftspropädeutisches Seminar

Seminararbeit

Bakterizide Wirkung des Pflanzensekundärstoffs Isothiocyanat (Senföl)

Verfasser: Johannes Rößler

<u>Bakterizide Wirkung des Pflanzensekundärstoffs Isothiocyanat (Senföl)</u>

Inhaltsverzeichnis

1. Einleitung

Senf ist der Menschheit seit über 3000 Jahren als Gewürz und Ölpflanze bekannt und ist auch heute noch in den Küchen zu finden. Ursprünglich stammend aus Süd- und Zentralasien, wurden Senfpflanzen zunächst in Indien und China, später auch im südlichen Europa und Vorderasien kultiviert und als Gewürz geschätzt. Jedoch existierte bereits mehrere Jarhunderte v. Chr. im Orient das Wissen um die heilende Wirkung des Senfs, das in der Antike durch die Römer übernommen und verwendet wurde. So beschreibt bereits der griechische Militärarzt Pedanios Dioskurides im 1. Jhd. n. Chr. in seiner pharmakologischen Schrift „Materia Medica" den medizinischen Wert der *Sinapis* Pflanze (Senf). Selbst die Bibel sagt: „Das Reich der Himmel ist gleich einem Senfkorn, …" (Mat. 13,31). Vom Mittelalter an geht jedoch das Volkswissen um das Heilmittel Senf verloren, die Verbreitung in Europa als Gewürz, maßgeblich durch Karl den Großen, nimmt jedoch stark zu (Löw, et al). Erst die moderne Forschung befasst sich wieder mit den Inhaltsstoffen des Senfkorns und kann die heilende Wirkung des Senföls erklären, da darin schwefelhaltige Pflanzensekundärstoffe enthalten sind, die antibiotisch und desinfizierend wirken (Luciano, 2009; Lara-Lledó, 2012). Seit 1960 konnten noch andere gesundheitsfördernde Eigenschaften festgestellt werden wie z.B. die antikarzinogene Wirkung gegenüber Bronchial-, Magen-, Kolorektal-, Mamma-, Blasen- und Prostata-Karzinomen (Cools, 2012) oder die antioxidative- und immunmodulatorische Aktivität (Watzl, 2001). Diese Arbeit beschäftigt sich mit der Extraktion von Senfölglukosiden und dem erforderlichen Enzym Myrosinase, sowie der enzymatischen Umsetzung des Ausgangsprodukts. Desweiteren soll der Nachweis der bakteriziden Wirkung des Umsetzungsprodukts sowie dessen Identifikation gezeigt werden. Dies könnte für die senfproduzierende Industrie von Interesse sein, da in den Abfallprodukten von gemahlenem Senf eventuell konservierende Stoffe beinhaltet sind, die zusätzlich verwendet werden könnten.

2. Theoretische Grundlagen

2.1 Vorkommen von Glukosiden in der Natur

Glukoside werden im Sekundärstoffwechsel von Pflanzen aus Aminosäuren gebildet (Watzl, 2001). Aminosäuren werden dabei zu einem Aldoxim abgebaut, welches in Phenylessigsäure und anschließend in ein Glukosid decarboxyliert wird (Kindl, 1975). Glukoside kommen in der Natur nur in Pflanzen höherer Gattung vor (Dörnemann, 2008), z.B. in der Familie der Kreuzblütengewächse (*Brassicaceae*, Synonym. *Cruciferae*; Ahlheim, 1983) als wichtigster Vertreter der Gattung (Luciano, 2009). Jedoch sind Glukoside auch in Kaperngewächsen (*Capparidaceae*), Kapuzinerkressen (*Tropaeolaceae*) und Resedagewächsen (*Rescedaceae*) auffindbar (Dörnemann, 2008). Insgesamt sind aktuell circa 130 verschiedene Glukoside bekannt (Wittstock, 2004). Der Trockenmasseanteil an Glukosiden kann in einigen *Brassica*-Arten bis zu 1 % betragen (Watzl, 2001), jedoch kann die Menge an Glukosiden in der Wildform die enthaltene Menge einer Zuchtpflanze um das 1000-fache übersteigen (Watzl, 2001).

Senfölglukoside sind in Senf-Gewächsen (*Sinapis*) zu finden, die ebenfalls zur Familie der Kreuzblütler gehören (Ahlheim, 1983; Dörnemann, 2008). Jedoch bilden verschiedene Senfsorten eine Mischung aus unterschiedlichen Senföl-Glukosiden (Lara-Lledó, 2012). So bildet weißer Senf (*Sinapis alba*) hauptsächlich Sinapin, wohingegen schwarzer Senf (*Brassica nigra*) und oriental Senf (*Brassica juncea*) überwiegend Sinigrin produzieren (Lara-Lledó, 2012). Allgemein kann das Auftreten eines stechenden Geruchs nach dem Zerstören des Zellgewebes der Pflanze auf das Vorhandensein von Senfölglukosiden hindeuten (Dörnemann, 2008). Dieser stechende Geruch wird durch Senföle (Isothiocyanate) hervorgerufen, sie entstehen durch den enzymatischen Abbau des Senfölglukosides.

Das Enzym, das die Hydrolyse des Senfölglukosides vollzieht, heißt Myrosinase oder auch β-Thioglukosidase (Lara-Lledó, 2012; Luciano, 2009; Watzl, 2001; Dörnemann, 2008). Es kommt in allen Pflanzen vor, die Senföle ausbilden.

2.2 Bedeutung des Isothiocyanats für die Pflanze

Die Produkte des enzymatischen Abbaus der Senfölglukoside stellen der Pflanze hochwirksame Abwehrstoffe gegen Fressfeinde (Herbivoren) und pflanzenpathogene Mikroorganismen zur Verfügung (Wittstock, 2004; Aires, 2009). Diese Produkte sind verschiedene Isothiocyanate (ITC), Thiocyanate und Nitrile, welche enorme Toxizität gegen mikrobiologische Organismen aufweisen

(Lara-Lledó, 2012; Watzl, 2001; Wittstock, 2004; Luciano, 2009). So weist Isothiocyanat allein eine bakterizide, fungizide, herbizide und toxische Wirkung gegen tierisches Gewebe auf (Aires, 2009; Luciano, 2009; Lara-Lledó, 2012; Hock, 1984).

Diese Form des pflanzlichen Eigenschutzes wird als konstitutive Abwehr bezeichnet, da das Abwehrmittel in seiner Vorstufe bereits vor dem Kontakt mit Herbivoren oder dem Pathogen in der Zelle gebildet wurde. Jedoch wird das pflanzliche Toxin erst bei unmittelbarer Verwundung des Zellverbandes hergestellt. Dieses Verfahren wird oft auch als pflanzliche Senföl-"Bombe" bezeichnet, da sie erst „auslöst", wenn die zwei Komponenten in unmittelbaren Kontakt treten (Wittstock, 2004).

In der Senfpflanze oder der Senfsaat liegen Senfölglukosid und Myrosinase räumlich getrennt voneinander vor. Das Enzym-Substrat (Senfölglukosid) befindet sich in Kompartimenten (Vakuolen) nahe der Zellwand (Rausch, 1999), das Enzym (Myrosinase) ist dagegen in sog. Indoblasten (spezialisierte Zellen / „Sonderlinge" des Zellverbandes) verteilt (Sitte, 1998). Durch mechanische Einwirkung kommen Enzym und sein Substrat in Kontakt, daraufhin beginnt die Umsetzung und das Abwehrtoxin entfaltet seine Wirkung (Dörnemann, 2008; Lara-Lledó, 2012; Watzl, 2001). Andere Pflanzengattungen, welche Glukoside enthalten, lagern Substrat und Enzym jedoch auf andere Art und Weisen ein. Die Ackerschmalwand (*Arabidopsis thaliana*) bildet beispielsweise sogenannte glukosidhaltige S-Zellen nahe dem Siebteil sowie eigene Myrosinasezellen an der Rinde (Wittstock, 2004).

2.3   Chemische Grundlagen

2.3.1 Glukoside

Glukoside (Glukosinolate) (Abbildung 1) sind chemisch stabile, nicht flüchtige, ionische Biomoleküle, die zur Gruppe der schwefelhaltigen Metaboliten gehören. Sie bestehen aus einer Glukoseeinheit an einer Schwefel-Stickstoff-haltigen Gruppierung, einer Sulfatgruppe und einem variablen Rest. Die Struktur ist damit ein Verbund aus einem Thioglukose-Rest an einem N-Hydroxyiminosulfatester sowie dem Aglukonrest (R, siehe unten). Dieser Rest kann aus einer Alkyl-, Alkenyl-, Aryl- oder Indolyl- Gruppe bestehen. Er bestimmt die physiologische Wirkung (Watzl, 2001; Wittstock, 2004). An der Sulfatgruppe befindet sich ein Kation, in der Regel K^+ (Dörnemann, 2008).

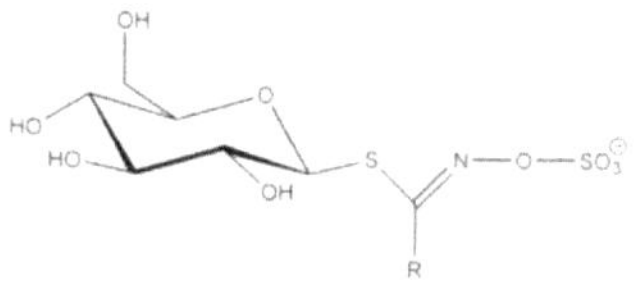

Abbildung 1: Allgemeiner Aufbau eines Senfölglukosids

Die Nomenklatur bei Glukosiden ist unterschiedlich, so wird bei der Formung des Trivialnamens dem Namen der Pflanze ein „Gluco" vorangestellt, und die Endung „in" angefügt. So wird beispielsweise das Glukosid der Wasserkresse *(Nasturtium officinale)* als „Gluco-nasturti-in" bezeichnet (Dörnemann, 2008). Der systematische Name ist jedoch präziser, wie Abbildung 2 zeigt.

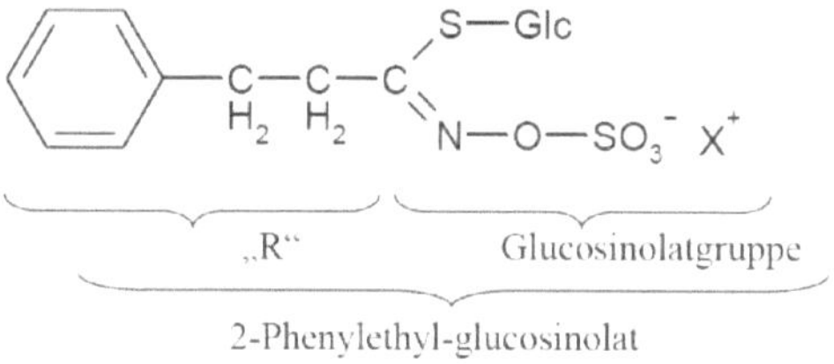

Abbildung 2: Nomenklaturbeispiel Wasserkresse

2.3.2 Sinigrin

Der systematische Name von Sinigrin ist Allyl-Glukosinolat, der chemische lautet 1-(N-(sulfoxy)-3-butenimidat-1-thio-β-D-Glukopyranose. Die empirische Summenformel lautet: $[C_{10}H_{16}NO_9S_2]$ K^+. Das Molekulargewicht beträgt 397.46 g/mol (Sigma-Aldrich). Die Abbildung 3 zeigt die Struktur von Sinigrin.

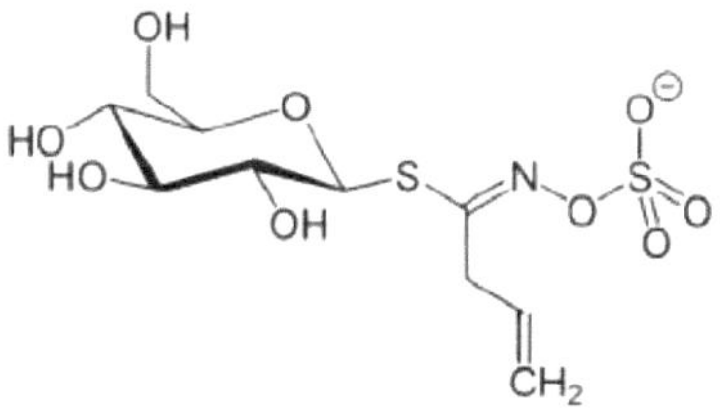

Abbildung 3: Molekularstruktur von Sinigrin

2.3.3 Isothiocyanat

Unter dem Begriff „Senföle" werden die Isothiocyanate zusammengefasst. Isothiocyanate sind flüchtige und chemisch instabile Moleküle, sofern sie aus Indoylglukosinolaten gebildet werden. Sie zerfallen spontan zu Indol-3-Carbinol und weiteren Indolverbindungen (Watzl, 2001). Sie entstehen durch den enzymatischen Abbau eines Senföl-Glukosids und wirken toxisch. Der grundliegende Aufbau ist wie folgt (Abbildung 4):

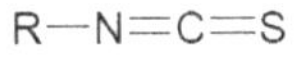

$$R-N=C=S$$

Abbildung 4: Allgemeine Molekularstruktur von ITC

Bei der Umsetzung von Allyl-Glucosinolat entsteht Allylisothiocyanat (AITC) (Aires, 2009). Die Summenformel hierzu lautet C_4H_5NS (Strukturformel siehe Abbildung 5). Die Molekülmasse beträgt 99.15 g/mol (Sigma-Aldrich).

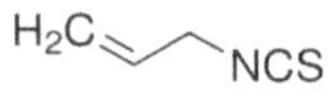

Abbildung 5: Molekularstruktur von AITC

2.4 Enzymatische Umsetzung

Die Hydrolyse von Senfölglukosid in ein Senföl wird durch Myrosinase katalysiert, wobei die Schwefel-Glukose Bindung des Substrats (Senfölglukosid) hyrolysiert wird (Wittstock, 2004). Dabei werden äquimolare Mengen an β-D-Glukose, Sulfat und dem Glukosid spezifischen Aglucon gebildet. Ascorbinsäure wirkt hierbei als Coenzym, da es möglicherweise eine nukleophile katalytische Gruppe bereitstellt. Das instabile Aglucon reagiert je nach pH-Wert und Temperatur weiter zum primären Produkt, Isothiocyanat (Wittstock, 2004). Desweiteren werden jedoch Sekundärprodukte wie Thiocyanate, Nitrile und Epithionitrile gebildet (Lara-Lledó, 2012). Bei neutralem pH-Wert werden hauptsächlich Isothiocyanate, bei saurem pH-Wert hingegen Nitrile gebildet (Wittstock, 2004). Abbildung 6 zeigt eine Übersicht zum Vorgang der enzymatischen Umsetzung.

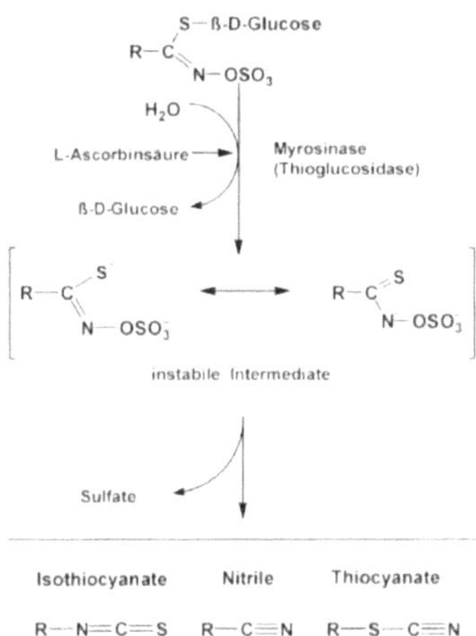

Abbildung 6: Mechanismus und Produkte der enzymatischen Umsetzung von Glukosiden

2.5   Zielsetzung der Seminararbeit

Das Ziel dieser Arbeit ist, das Senfölglukosid Sinigrin sowie das Enzym Myrosinase aus Senfkörnern zu extrahieren. Das Enzym sollte das Glukosid zum Isothiocyanat (ITC) hydrolisieren. Ferner sollte die antibakterielle Wirkung des enzymatischen Umsetzungsprodukts bestätigt und ITC im Stoffgemisch der Umsetzung identifiziert werden.

Im Rahmen dieser Arbeit sollte erstmals ermittelt werden, ob das Verfahren der Bioautographie (Reusser, 1967) in vereinfachter Version geeignet ist, um auf diesem Wege das Isothiocyanat aus dem Umsetzungsgemisch des Extraktionsverfahrens aufzutrennen (Dünnschichtchromatographie) und durch seine toxische Wirkung auf Bakterien zu identifizieren.

Die Versuche wurden mit Samen von *Brassica juncea* durchgeführt, da diese laut Auskunft der Firma *Develey GmbH* mehr Senfölglukosid enthalten als die in der Versuchsanleitung (Dörnemann, 2008) beschriebenen Samen von *Sinapis alba*.

3. Experimentelle Durchführung und Erläuterung

3.1 Verwendete Versuchsvorschriften

Die Versuchsvorschrift zur Extraktion von Myrosinase und Sinigrin das Protokoll zur enzymatischen Umsetzung und Durchführung der Dünnschichtchromatographie (DC), sind größtenteils der Arbeitsanleitung zum Kurs: "Sekundäre Pflanzeninhaltsstoffe" von PD Dr. Dieter Dörnemann, Philipps-Universität Marburg im Fachbereich Biologie (Pflanzenphysiologie/ Photobiologie) entnommen (Dörnemann, 2008).

Einzelne Teilverfahren wurden jedoch eigenständig abgeändert. Es wurde Senf der Sorte *Brassica juncea* zur Extraktion von Sinigrin und Myrosinase verwendet, da diese Sorte den höchsten Sinigringehalt aufweist und damit laut Literatur die stärkste antibakterielle Wirkung zeigt (Lara-Lledó, 2012).

Die Anleitung zum bakteriellen Hemmtest wurde dem Buch „Mikrobiologisches Praktikum" entnommen (Drews, 1983). Die Methodik der Bioautographie wurde abgewandelt übernommen aus: „Eine Methode zur Bioautographie von Dünnschicht-Chromatogrammen" (Reusser, 1967).

3.2 Extraktionen

3.2.1 Sinigrin Extraktion

Das Verfahren zur Aufreinigung von Sinigrin begann mit dem Zerreiben von 10 g Senfkörnern in einer Reibschale unter Zusatz von 30 ml Ethanol 80 % (aq.). Dies zerstörte die Struktur der Zellen und setzte das Glukosid frei. Der Alkohol verhinderte hierbei die enzymatische Umsetzung des Sinigrins durch Myrosinase. Anschließend wurde die homogene Masse in einen Einhalskolben überführt und mit Ethanol 80 % (aq.) auf 100 ml aufgefüllt. Daraufhin wurde das Produkt 60 min mittels Rückflusskühler (Abbildung 7) gekocht, wobei die Erhitzung im Wasserbad erfolgte und der Siedepunkt aufgrund des Ethanol/Wasser Gemisches bei ca. 85°C lag.

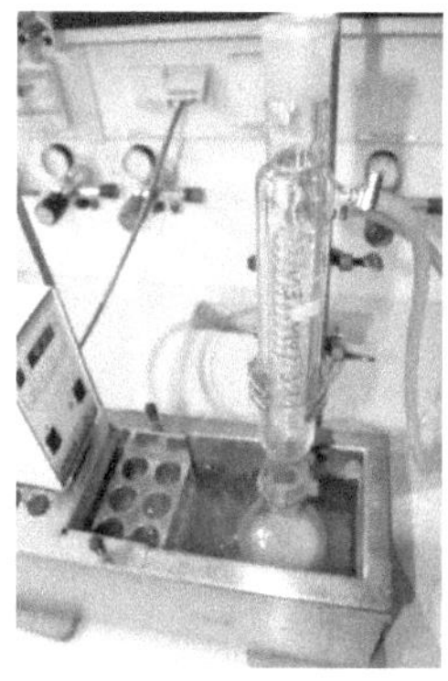

Abbildung 7: Sinigrinextraktion im Wasserbad mit Rückflusskühler

Abbildung 8: Kolben der 1. Sinigrin Extration

Dadurch wurde das Sinigrin in der Ethanol-Wasser Phase des Gemisches gebunden. Im Anschluss daran wurde der entstandene wässrige Ethanol-Überstand abgehoben (1. Extraktion, Abbildung 8). Der Rückstand wurde erneut nach dieser Methode mit 50 ml Ethanol 80 % (aq.) versetzt und diesmal nur 30 min mittels Rückflusskühler gekocht. Diese 2. Extraktion sollte die Ausbeute an Sinigrin steigern. Die Überstände der beiden Extraktionen wurden vereint und zur vollständigen Feststoffabtrennung zentrifugiert und der Überstand zur Weiterverarbeitung erneut abgehoben. Im Rotationsverdampfer (Abbildung 9 und 10) wurde daraufhin unter Vakuum sämtliches Ethanol abgezogen und das Sinigrin in der wässrigen Phase konzentriert (Abbildung 11).

Abbildung 10: Vor Aufkonzentrieren

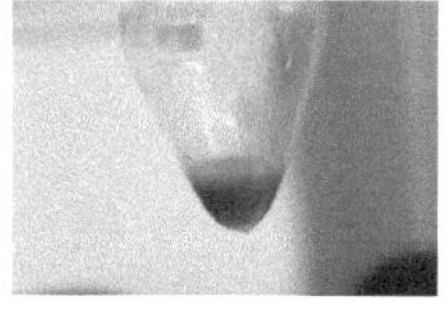

Abbildung 9: Rotationsverdampfer

Abbildung 11: Nach Aufkonzentrieren

Im Anschluss daran wurde mit H_2O (dd.) zunächst auf 10 ml aufgefüllt, wobei ein starker weiß-gelblicher Niederschlag auftrat. Dann wurde mit H_2O (dd.) auf 30 ml aufgefüllt. Anschließen wurde mehrmals mit Diethylether extrahiert, wodurch hydrophobe Komponenten (z.B. zelluläre Lipide) in die Ether-Phase übergingen und durch Abheben und Weiterverwenden der Unterphase aus dem Extrakt entfernt wurden. Durch die Ether Extraktion konnte der oben genannte weiße Niederschlag entfernt werden. Anschließend wurde die sinigrinhaltige wässrige Phase im Rotationsverdampfer auf 5 ml eingeengt, um das Sinigrin aufzukonzentrieren. Ein Nebeneffekt des Abdampfens ist die vollständige Entfernung des restlichen Diethylethers. Das gewonnene Präparat wurde in 4 x 200 µl Aliquots verteilt und bei -20°C eingefroren, bzw. einer Dünnschichtchromatographie und einer enzymatischen Umsetzung unterzogen.

3.2.2 Myrosinase Extraktion

Um zelluläre Proteasen zu hemmen, die das zu extrahierende Enzym Myrosinase abbauen könnten, wurden alle Aufreinigungsschritte gekühlt durchgeführt, daher wurden Reibschale, Pistill und Besteck vor dem Versuch mit N_2 (liq.) gekühlt. Nun wurden 20 g der Senfsamen (Abbildung 12) zerrieben, wodurch das Enzym aus den Zellen freigesetzt wurde.

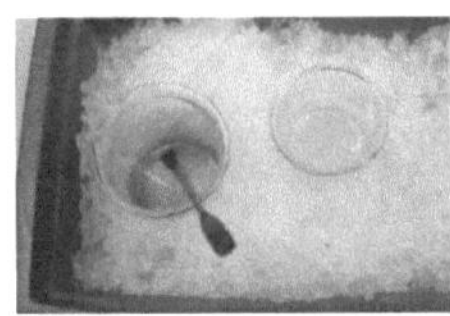
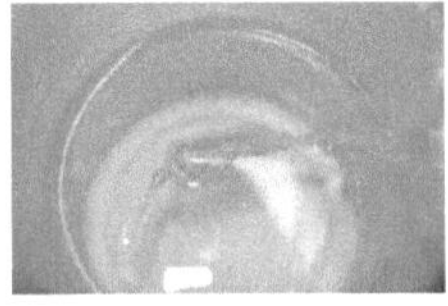

Abbildung 12: Senkörner　　**Abbildung 13: Dekantieren**　　**Abbildung 14: Dialyseschlauch**

Zur Abtrennung von Fetten und Ölen aus dem Grobextrakt wurde das Gemenge 10 x mit jeweils 50 ml eisgekühltem Aceton versetzt, gemischt und anschließend dekantiert (Abbildung 13). Die Aceton Überstände wurden verworfen, Acetonreste wurden anschließend aus dem Rückstand in einer Vakuumzentrifuge abgedampft. Das darauffolgende Aufschlämmen des Sediments (Pellet) mit 60 ml einer Lösung aus 50 mM NaCl und 10 mM 2-Mercaptoethanol (60 min. Inkubation) löste das konzentrierte Enzym. Im Anschluss daran wurde das Produkt durch ein Feinfasertuch abgepresst, wodurch alle gröberen Bestandteile abgetrennt wurden. Das gewonnene proteinhaltige Filtrat wurde bei 30.000 g für 15 min zentrifugiert, das Pellet verworfen und der klare Überstand zur Weiterverarbeitung verwendet. Anschließend wurde eine fraktionierte Ammoniumsulfatfällung durchgeführt, um durch schrittweise Erhöhung der Konzentration von Ammonuimsulfat im Extrakt unerwünschte Proteine auszufällen. Zuerst wurde die Konzentration auf 50 % $(NH_4)_2SO_4$

eingestellt. In diesem Versuch betrug die benötigte Menge 14 g (Dixon, 1953). Das $(NH_4)_2SO_4$ wurde unter ständigem Rühren sehr langsam hinzugegeben, um die Konzentration des Salzes in der Lösung nicht punktuell über 50 % steigen zu lassen. Dies führte zur Fällung von unerwünschten Proteinen. Nun wurde die Lösung bei 10.000 g zentrifugiert und der proteinhaltige Überstand anschließend einer zweiten Ammoniumsulfatfällung unterzogen, wobei die Konzentration an $(NH_4)_2SO_4$ nun auf 70 % erhöht wurde. Hier betrug die zugegebene Menge an Ammoniumsulfat 6 g (Dixon, 1953). Bei 70 % $(NH_4)_2SO_4$ konnte schließlich die gewünschte Myrosinase ausgefällt werden. Erneut wurde bei 10.000 g abzentrifugiert. Das Pellet enthielt Myrosinase und wurde in 5ml einer 50 mM NaCl 10 mM 2-Mercaptoethanol aufgenommen um das Enzym wieder in Lösung zu bringen. Nun wurde das Produkt in einen Dialyseschlauch gefüllt und über Nacht gegen 500 ml 50 mM NaCl 10 mM 2-Mercaptoethanol dialysiert (Abbildung 14), um die Konzentration von NH_4^+ und SO_4^{2-} -Ionen in der nun fertig aufgereinigten Myrosinase Lösung zu senken. Die gewonnene Myrosinase Lösung wurde direkt einer enzymatischen Umsetzung von Sinigrin unterzogen oder eingefroren (-20°C). Es wurden 4 Aliquots á 500 µl Reinextrakt, bzw. 4 Aliquots á 800 µl einer Mischung bestehend aus 600 µl Reinextrakt und 200 µl Glycerin 80 % (aq.) eingefroren, um die Enzyme vor der Zerstörung beim Auftauen zu schützen.

3.3 Enzymatische Hydrolyse des Glukosid-Extraktes zu Isothiocyanat

Zur Inkubation des Sinigrins wurden 200 µl des Eigenprodukts mit 250 µl des eigenproduzierten Enzyms + 1000 µl eines 0,1 M Natriumphosphatpuffers (pH 7.0) unter Zugabe von Natriumascorbat versetzt. Als Kontrolle wurde käufliches Sinigrin (Sigma-Aldrich) hydolysiert, um die Aktivität der selbstisolierten Myrosinase zu bestätigen. Außerdem liefert die hydrolsierte Kontrollsubstanz (AITC) die Referenz zum umgesetzten Eigenprodukt. Dazu wurde 8 mg Sinigrin in 800 µl H_2O (dd.) gelöst (Endkonzentration 10 mg/ml) und 20 µl davon mit 250 µl der eigenproduzierten Myrosinase + 1000 µl 0,1 M Natriumphosphatpuffer (pH 7.0) sowie Natriumascorbat versetzt. Zur Herstellung der 0.1 M Pufferlösung wurden 57,7 ml einer 1 M Na_2HPO_4 Lösung und 42,3 ml einer 1 M NaH_2PO_4 Lösung gemischt, auf 1000 ml mit H_2O aufgefüllt und am pH-Meter auf den korrekten pH-Wert (pH 7.0) hin überprüft. (*Table B.11 Phosphate Buffers – Preparation of Reagents and Buffers Used for Molecular Cloning*). Das Myrosinase katalysierte Umsetzungsverfahren von Sinigrin zu Isothiocyanat fand bei 33°C über 60 min statt. Anschließend wurde eine Geruchsprobe auf stechenden Senfgeruch durchgeführt (Dörnemann, 2008), die in diesem Fall jedoch negativ verlief. Nach der Abkühlung der Proben auf 0°C wurde dreimal mit je 1 ml Diethylether extrahiert und die obere Ether-Phase abgenommen. Die Etherphasen wurden vereinigt, und anschließend wurde der Diethylether in einer Vakuumzentrifuge abgezogen. Der verbliebene Rückstand wurde in 50 µl Methanol gelöst und die Proben wurden anschließend einer Dünnschichtchromatographie unterzogen, bzw. bei -20° C eingefroren.

3.4 Dünnschichtchromatographien

3.4.1 Erläuterung zum Verfahren der Dünnschichtchromatographie

Das Verfahren der Dünnschichtchromatographie (Abbildung 15) ermöglicht das Auftrennen eines organischen Stoffgemisches in seine Einzelkomponenten. Hierbei werden eine stationäre (Kieselgel) und eine mobile Phase (Laufmittel) benutzt, in denen sich die Teilchen des Stoffgemisches verteilen. Durch Kapillarkräfte und Diffusion wandert das Laufmittel in dem Trägermaterial aufwärts. Durch die unterschiedlich starken Adsorbtionswechselwirkungen der Teilchensorten, hervorgerufen durch ihre chemischen Aufbau und ihre physikalischen Eigenschaften, ergibt sich für jede Teilchensorte ein bestimmter Retentionsfaktor (Rf-Wert). Wird die DC beendet, bewegt sich das Laufmittel nicht mehr und die Substanzen verharren auf ihren Positionen (Holeman-Wiberg, 1967). Durch das Eingießen eines Ultraviolett- Fluoreszenzindikators und das Betrachten unter UV-Licht können Substanzflecken auf dem Trägermaterial sichtbar gemacht werden. Dies ist darauf zurückzuführen, dass organische Materialien UV-Licht absorbieren können. Somit entstehen die schwarzen Substanzflecken auf der Oberfläche der DC.

3.4.2 Durchführung der Dünnschichtchromatographie von Sinigrin

Alle Dünnschichtchromatographieversuche wurden einheitlich auf 20 x 20 cm Kieselgelplatten mit eingegossenem Fluoreszenzindikator F_{254} durchgeführt. Für Sinigrin setzte sich das Laufmittel aus der Oberphase der Lösung aus n-Butanol, Eisessig und H_2O (dd.) im Verhältnis 4 : 1 : 3 zusammen. Es wurden je 1 µl, 2 µl, 5 µl, 10 µl (und 20 µl am Versuchstag 8.6.2012) der Standardlösung aus 8 mg Sinigrin [Sigma] und 800 µl H_2O (dd.) (Konz. (Sinigrin) = 10 mg/ml) aufgetragen sowie 1 µl, 2 µl, 5 µl, 10 µl (und 20 µl [8.6.2012]) des Eigenprodukts an Sinigrin. Die Dünnschichtchromatographien lief über 3 h (8.6.2012) bzw. 4 h 20 min (1.07.2012) und wurde anschließend unter UV-Licht λ = 254 nm ausgewertet.

Abbildung 15: DC Gefäß mit Laufmittel

3.4.3 Durchführung der Dünnschichtchromatographie von Isothiocyanat

Für ITC setzte sich das Laufmittel wie folgt zusammen: Methylenchlorid/Ethanol 95 : 5. Es wurden 15 µl bzw. 35 µl des Standards und 5 µl, 10 µl und 30 µl des Eigenprodukts der enzymatischen Umsetzung aufgetragen. Die Dünnschichtchromatographie wurde über 1 h 45 min entwickelt und anschließend wie oben beschrieben ausgewertet.

3.4.4 Durchführung der Dünnschichtchromatographie von Isothiocyanat und Sinigrin

Das Laufmittel setzte sich hier aus Methylenchlorid und Ethanol zusammen (Verhältnis 95 : 5). Es wurden 5 µl des Isothiocyanats aus dem umgesetzten Standard, 10 µl des Isothiocyanats aus dem umgesetzten Eigenprodukt, 5 µl des Sinigrin Standards, 5 µl des Sinigrin Eigenprodukts sowie 10 µl des Sinigrin Standards aufgetragen. Die Dünnschichtchromatographie wurde über 1 h 45 min durchgeführt.

3.5 Enzymtest

3.5.1 Durchführung des Enzymtests

Zur Überprüfung der Wirksamkeit des Enzyms Myrosinase wurde die Umsetzung des käuflichen Sinigrin-Standards sowohl mit dem in Glycerin konservierten als auch mit dem reinen Enzymextrakt durchgeführt. Desweiteren wurde eine Probe des Enzyms ohne Glycerin und ohne Substrat (Sinigrin) gleichermaßen dem Umsetzungsverfahren unterzogen, um etwaige Verunreinigungen des Enzympräparates in der DC zu identifizieren. Zur Umsetzung des Sinigrins wurden 100 µl des Sinigrin-Standards mit 100 µl H_2O (dd.), 1000 µl Phosphat-Puffer (siehe 3.3) und 250 µl Myrosinase <u>ohne</u> Glycerin, sowie 100 µl Sinigrin-Standard mit 20 µl H_2O, 1000 µl Phosphat-Puffer und 330 µl Myrosinase Enzyms <u>mit</u> Glycerin unter Zugabe von Natriumascorbat bei 33°C über 60 min inkubiert. Desweiteren wurden 100 µl H_2O mit 500 µl Phosphat-Puffer und 125 µl Myrosinase ohne Glycerin unter Zugabe von Natriumascorbat für 60 min bei 33°C behandelt. Der darauffolgende Geruchstest bei den beiden Proben mit Substrat verlief diesmal eindeutig positiv, da ein stechender senfartiger Geruch auftrat. Nach dem Abkühlen der Proben auf 0°C im Eisbad wurde jede Probe 4-mal mit jeweils 500 µl Diethylether versetzt und durchmischt. Daraufhin werden beide Phasen in der Zentrifuge 1 min bei 30.000 g getrennt. Die Oberphasen wurden nach jedem Durchlauf abgenommen und vereinigt, zentrifugiert und erneut abgenommen um Reste der wässrigen Unterphase zu beseitigen. Anschließend wurden unter Vakuum etwaige Reste von Ether abgezogen. Das Pellet wurde daraufhin in Methanol gelöst. Die Proben mit Substrat wurden hierbei in 50 µl Methanol, die Probe ohne Substrat in 25 µl Methanol aufgenommen.

3.5.2 Durchführung der Dünnschichtchromatographie des Enzymtests

Die Dünnschichtchromatographie der Proben erfolgte über 45 min (Laufmittel siehe 3.4.3). Es wurden jeweils 5 µl der Proben aufgetragen.

3.5.3 Erläuterung zum Enzymtest

Um die durch Glycerin-Zugabe verursachte Volumenzunahme beim Enzymextrakt auszugleichen, wurde vom mit Glycerin konservierten Enzym (Probe 1) entsprechend mehr Volumen für den Enzymtest eingesetzt. Dadurch sollte eine annähernde Normierung der eingesetzten Enzymmenge gegenüber dem nicht Glycerin konservierten Enzym (Probe 2) erreicht werden.

3.6 Antibakterielle Nachweismethoden

3.6.1 Hemmtest zum Nachweis der antibakteriellen Wirkung von Isothiocyanat

Dieser Versuch diente zur Bestätigung, dass das extrahierte und umgesetzte Produkt eine bakterizide Wirkung besitzt. Der Nachweis der wachstumshemmenden Wirkung wurde mit den Mikroorganismen *Escherichia coli* DH5α und *Agrobacterium tumefaciens* pGV3101PMP90 durchgeführt. *Escherichia coli* gilt als Standardbakterium in der mikrobiologischen Forschung, *Agrobacterium tumefaciens* ist ein pflanzenpathogenes Bodenbakterium.

Zunächst wurde eine größere Menge an Sinigrin-Standard und Eigenprodukt umgesetzt, um für weitere Versuche Reserven an ITC zu besitzen. Hierzu wurde die Standard- und die Eigenprodukt-Umsetzung je dreimal angesetzt. Dabei wurden 3 mal 150 µl Sinigrin Standard (Konz. (Sinigrin) = 10 mg/ml) mit 200 µl Enzymlösung, 1000 µl Natriumphosphat-Puffer, 100 µl H_2O (dd.) und wenig Natriumascorbatlösung versetzt sowie 3 mal 250 µl Eigenproduktlösung mit 200 µl Enzymlösung, 1000 µl Natriumphosphat-Puffer und Natriumascorbatlösung versetzt. Alle Ansätze wurden 60 min bei 33°C inkubiert. Der anschließende Geruchstest verlief bei allen Proben positiv, es konnte ein stechender Senfgeruch festgestellt werden. Zusätzlich wurden die Ansätze zentrifugiert um Feststoffe aus den Gemischen zu entfernen. Daraufhin wurden die Überstände (Pellets traten nur bei den Eigenproduktumsetzungen auf) der drei Standardumsetzungen sowie die drei Überstände der Eigenproduktumsetzungen vereinigt und jeweils zweimal mit 2 ml Diethylether und einmal mit 1 ml Diethylether ausgeschüttelt. Der Ether wurde anschließend in einer Vakuumzentrifuge abgedampft. Die beiden Pellets wurden jeweils in 250 µl Methanol aufgenommen.

Zur Durchführung des Hemmtests erforderte die Herstellung steriler Filterblättchen. Diese wurden aus Filterpapierbögen ausgestanzt, mit Ethanol 100 % desinfiziert und anschließend unter UV-Licht getrocknet (mikrobiologische Sicherheitswerkbank). Desweiteren mussten Agarnährböden in Petrischalen gegossen werden.

Die hemmende Wirkung von Allylisothiocyanat (Umsetzungsprodukt von Sinigrin) wurde bei *Agrobacterium tumefaciens* beschrieben (Aires, 2009). Die Stammlösungen der Bakterienstämme wurden am Photometer auf ihre optische Dichte bei $\lambda = 600$ nm (OD) gemessen, um sie anschließend auf vergleichbare Bakterienkonzentrationen (Anzahl Keime/ml) zu verdünnen. Die *E.coli* Kultur zeigte eine OD von 1,14, die *A. tumefaciens* Kultur eine OD von 0,95. Um beide Bakterienkulturen auf Bedingungen der logarithmischen Wachstumsphase einzustellen (hier: OD 0,5 = Soll) wurden 5 ml der *E.coli* Lösung mit 6,4 ml Luria Broth (LB) Medium und 5 ml der *A. tumefaciens* Lösung mit 4,5 ml LB Medium verdünnt.

Nun wurden je 200 µl bzw. 80 µl *E.coli* Lösung (OD = 0,5) sowie 200 µl bzw. 80 µl *A. tumefaciens* Lösung (OD = 0,5) auf insgesamt vier Agarnährböden mit Hilfe steriler Plastikkugeln gleichmäßig ausplattiert. Anschließend wurden die sterilen Filterblättchen mit den zu testenden Substanzen beladen und auf die infizierten Agarnährböden aufgetragen. Hierbei wurden pro Nährboden zwei Filterblätchen mit 10 µl und 5 µl des umgesetzten Eigenprodukts auf die linke Hälfte der Petrischale ausgebracht, sowie zwei Filterblättchen mit 10 µl und 5 µl des umgesetzten Standards auf die rechte Hälfte ausgebracht. Ferner wurden je 5 µl einer fast sieben Wochen gelagerten Standardumsetzung in die rechte unter Einteilung der Platte ausgebracht. In das Zentrum wurde je ein Filterblättchen mit 5 µl Streptomycin (1 mg/ml), einem Antibiotikum, als Kontrolle auf Wachstumshemmung ausgebracht. Somit waren vier Agarplatten mit je 6 Filterblättchen bestückt (Abbildung 16). Die Platten wurden über Nacht bei 30°C bebrütet und daraufhin die Größe der entstandenen Hemmhöfe ausgewertet.

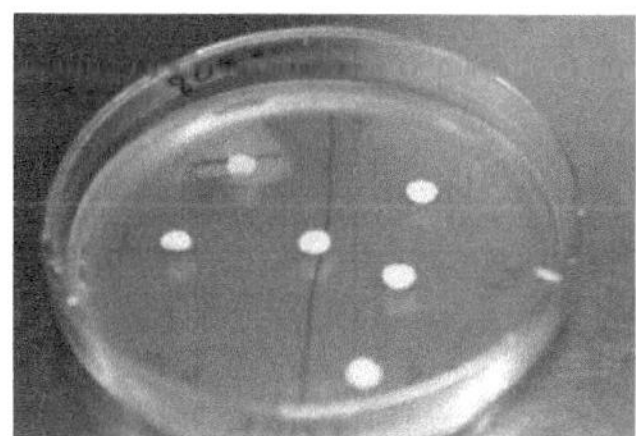

Abbildung 16: Petrischale eines Hemmtests vor der Bebrütung

Ergänzung zum Vorversuch:

Als Kontrolle zum Hemmtest wurde eine zweite Charge an Hemmtests angesetzt, die zusätzlich zu den Umsetzungsprodukten aus Eigenprodukt und Standard Sinigrin Lösung ebenfalls das reine Substrat = Vorläufersubstanz (Eigenprodukt und Sinigrin) sowie die zur Umsetzung verwendete Enzymlösung auf eine eventuelle bakterizide Wirkung überprüfen sollte. Zur Durchführung (16.10.2012) dieses Kontrollhemmtest wurden Filterblättchen mit 10 µl, 5 µl sowie 2,5 µl an umgesetztem Eigenprodukt und an umgesetztem Standard auf zwei Petrischalen mit Agar Nährböden aufgetragen. Desweiteren wurden jeweils 25 µl an Eigenprodukt, Substratlösung und 15 µl an Standard Sinigrin Lösung aufgetragen, sowie 10 µl reiner Enzymlösung. Die Menge an eingesetzter Substratlösung wurde verhältnismäßig zur in der Umsetzung verwendeten Substratlösung gewählt. So wurden in der Umsetzung von Sinigrin Standard mit Enzymlösung für den ersten Hemmtest (29.9.2012) 450 µl Substratlösung eingesetzt, nach der Etherextraktion wurde dabei das Pellet in 150 µl Methanol gelöst. Bei Annahme einer 100 % Umsetzungsausbeute und verlustfreien Etherextraktion wurde somit das Volumen der Lösung verringert und die Konzentration an Standard c(Std.) daher erhöht. $\frac{(vorher)}{(nachher)} = \frac{c(Std)[vorher]}{c(Std)[nachher]} = x$ Für die Standardlösung galt daher: $\frac{450\ \mu l}{150\ \mu l} = 3$ Somit wurde das Dreifache (15 µl), der auf der Petrischale eingesetzten Menge an umgesetztem Standard (u.a. 5 µl), an Sinigrin Standard verwendet. Analog wurde die Menge an Eigenproduktlösung ermittelt: $\frac{750\ \mu l}{150\ \mu l} = 5$ Daher wurde das Fünffache (25 µl), der auf der Petrischale eingesetzten Menge an umgesetzten Eigenprodukt (u.a. 5 µl) verwendet. Daraufhin wurden die beiden Petrischalen mit 50 µl LB Agarmedium und jeweils 50 µl einer Bakterienstammlösung (*E. coli* und *A. tumefaciens*) überzogen. Die *E. coli* Kulturlösung zeigte eine OD von 0,79, die *A. tumefaciens* Kulturlösung eine OD von 0,84. Hier wurde auf eine OD-Normierung der beiden Kulturen verzichtet. Die Hemmtests wurden über zwei Tage bei 30°C bebrütet.

3.6.2 Bioautographie

Die Bioautographie beruht auf der Auftrennung eines Stoffgemisches mittels Dünnschichtchromatographie und anschließender Diffusion der Stoffgruppen in eine dünne Agarschicht, die auf die Dünnschichtplatte aufgetragen wurde. Durch das Impfen der Agarschicht mit Bakterien entsteht ein Bakterienrasen, der an Stellen Hemmzonen aufweist, an denen sich bakterizide Substanzen befinden.

Hierzu wurden zwei DC Kieselgelplatten mit eingegossenem Fluoreszenzindikator F_{254} angesetzt, auf die jeweils folgende Proben aufgetragen wurden: 10 µl reine Enzymlösung, 30 µl Sinigrinstandard Lösung, 10 µl enzymatisch umgesetzte Standardlösung, 25 µl Eigenprodukt Lösung, 5 µl und 10 µl enzymatisch umgesetztes Eigenprodukt. Das Laufmittel der DC setzte sich aus Methylenchlorid und Ethanol im Verhältnis 95 : 5 zusammen (Abbildung 17). Die Auftrennung wurde 30 min lang durchgeführt und anschließend unter UV-Licht $\lambda = 254$ nm ausgewertet. Darauf folgte das Überschichten (Abbildung 18) der Platte mit 25 ml LB Agar in einer großen quaderförmigen Petrischale.

Abbildung 17: DC Platten im Laufmittel

Abbildung 18: Überschichtung einer DC Platte mit Agar

Nach dem Erstarren des Agars wurden die Platten mit je 100 µl Bakterienstammlösung (*E. coli* bzw. *A. tumefaciens*) durch erneutes Überschichten infiziert. Die überschichteten Kieselgelplatten wurden über zwei Tage bei 25°C inkubiert. Das aufgetragene Volumen an Substrat, sowohl Standard Sinigrin als auch Eigenprodukt, wurde im Verhältnis zum aufgetragenen Volumen der Proben gewählt. Daher wurde für Sinigrin Standard das dreifache Volumen des enzymatisch umgesetzten Standards verwendet. Beim Eigenprodukt wurde das fünffache des enzymatisch umgesetzten Volumens verwendet.

4.   Ergebnisse

4.1   Resultate der Dünnschichtchromatographie

4.1.1 Resultate der Dünnschichtchromatographie von Sinigrin

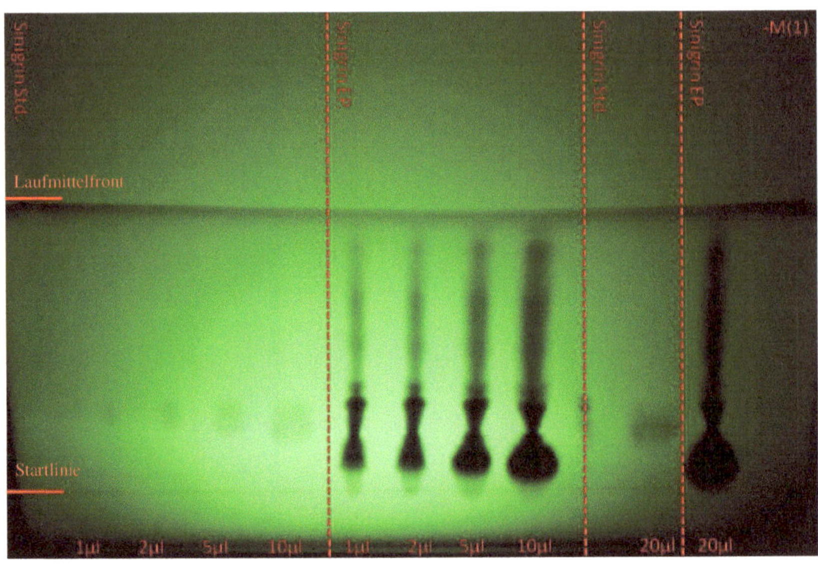

Abbildung 19: DC –M(1)

Das Fluoreszenzbild der DC Platte –M(1) zeigte den Lauf des Sinigrin Standards (Sinigrin Std.) sowie des eigenproduzierten Sinigrins (Sinigrin EP.), in verschiedenen Konzentrationen. Das Laufmittel trennte die Bestandteile des Eigenprodukts auf. Aufgrund der Größe von Allyl-Glukosinolat und seines β-D-Glukopyranosyl Substituenten wurde es verhältnismäßig langsam transportiert und gab daher einen Substanzfleck bei nur ca. ⅓ der Laufstrecke. Die Konzentration des Allyl-Glukosinolats im Standard war deutlich geringer, daher fielen die Signale in der Fluoreszenzdetektion deutlich schwächer aus (siehe Abbildung 19; Sinigrin Std.).

Der DC Lauf des Eigenprodukts (Sinigrin EP.) zeigt, dass es aus einer Vielzahl von verschiedenen Einzelsubstanzen besteht. Es sind keine einzelnen Banden zu erkennen, weswegen es nicht möglich ist Aussagen über einzelne enthaltene Stoffe zu treffen.

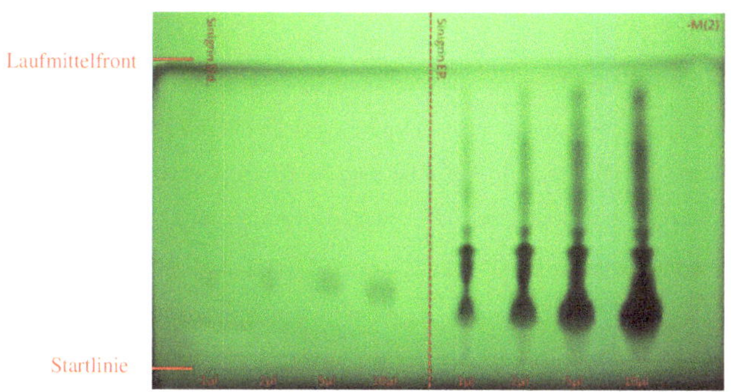

Abbildung 20: -M(2)

In –M(2), der Reproduktion von –M(1), waren die Substanzflecken des Standards auf Höhe des Eigenprodukts erst bei höheren Konzentrationen festzustellen. Diese DC wurde zur Kontrolle durchgeführt, da im Versuch –M(1) das Vorhandensein von Allyl-Glucosinolat im Eigenprodukt nicht bestätigt werden konnte. Dies war auch in –M(2) nicht möglich (Abbildung 20).

4.1.2 Resultate der Dünnschichtchromatographie von Isothiocyanat

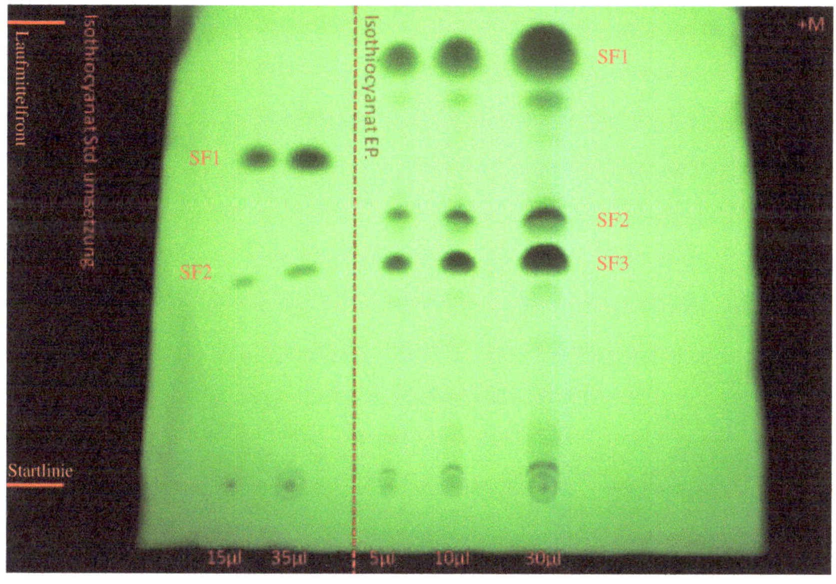

Abbildung 21: +M

Das Fluoreszenzbild +M (Abbildung 21) zeigte die Auftrennung des enzymatisch umgesetzten Sinigrin Standards, sowie die des umgesetzten Eigenprodukts. Der vollständig umgesetzte Standard (siehe 4.1.3 +M/-M) bildete zwei Substanzflecken. Das umgesetzte Eigenprodukt verlief in nur einer Bandenreihe auf Höhe der Substanzflecken des umgesetzten Standards. Aufgrund der Unpolarität des Isothicyanats (Senföls), wurde es durch das ebenfalls unpolare Laufmittel relativ weit transportiert.

4.1.3 Resultate der Dünnschichtchromatographie von Isothiocyanat und Sinigrin

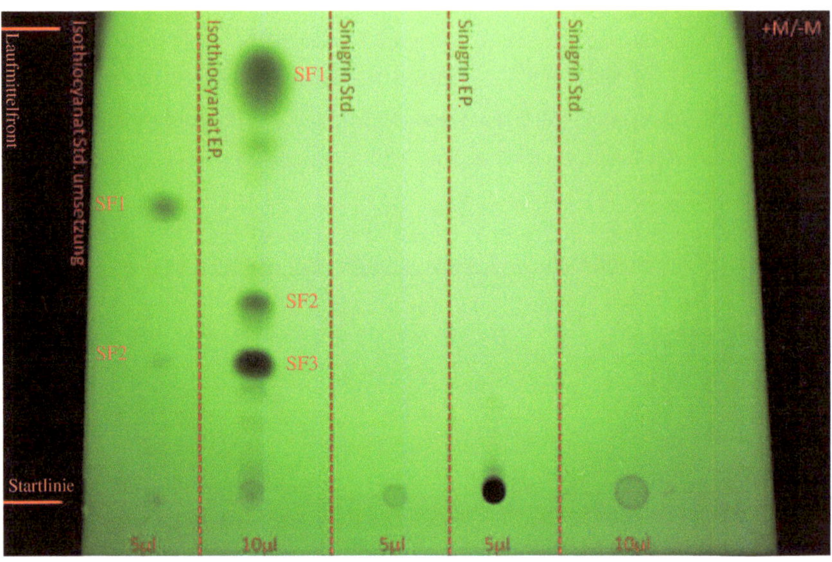

Abbildung 22: +M/-M

Die DC +M/-M stellt das Laufbild des Umsetzungsprodukts Sinigrin-Standard (Isothiocyanat Std. Umsetzung) sowie des selbstisolierten Eigenprodukts (Isothiocyanat EP.) dar.

Die letzten drei Spuren der Abbildung 22 zeigt als Kontrolle nicht umgesetzten (nicht-hydrolysierten) Sinigrin-Standard (Sinigrin Std.) sowie nicht umgesetztes Eigenprodukt (Sinigrin EP.). Hier konnten deshalb auch keine Spaltprodukte festgestellt werden, weil die intakten Glukoside durch das unpolare Laufmittel sehr schlecht transportiert werden (das Allyl-Glucosinolat ist durch seinen β-D-Glucopyranosyl Substituenten relativ polar und wird somit nicht vom unpolaren Laufmittel transportiert). Deshalb sind hier lediglich die Auftragungspunkte des Sinigrin-Standards sowie die des Eigenprodukts zu erkennen.

Außerdem dient diese Kontrolle der Untersuchung auf etwaige Verunreinigungen aus der Eigenproduktlösung in den umgesetzten Proben.

Durch die Anwesenheit detektierbarer Spaltprodukte sowohl beim umgesetzten Standard als auch beim umgesetzten Eigenprodukt (linker Teil Abbildung 22) kann abgeleitet werden, dass eine enzymatische Hydrolyse in den jeweiligen Lösungen stattgefunden hat.

4.1.4 Resultate der Dünnschichtchromatographie des Enzymtests

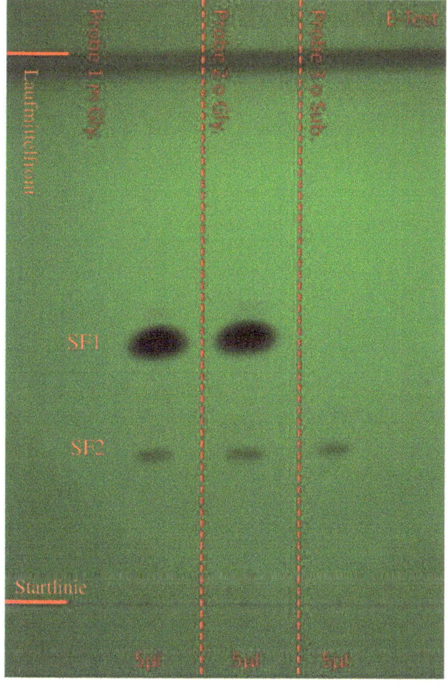

Abbildung 23: Enzym-Test

Die Myrosinase-Lösung wurde mittels DC untersucht, um mögliche Verunreinigungen des Enzympräparates festzustellen, die in den späteren Analysen zu Fehlinterpretationen führen könnten.

Dadurch, dass Probe 1 im selben Maß wie Probe 2 Umsetzungsprodukt aufwies (Abbildung 23; starke Bande), lässt sich folgern, dass beide Enzyme, mit und ohne Glycerin, gleich wirksam sind und beide Konservierungsmethoden erfolgreich waren. Der starke Absorbtionsfleck ist vermutlich das Umsetzungsprodukt, da in der rechten Spur lediglich Enzym ohne Substrat aufgetragen wurde (Probe 3 o. Sub.). Der jeweils schwächere Absorptionsfleck bei allen drei Spuren ist auf eine Verunreinigung zurückzuführen, die sich in der Enzymlösung befand.

Im Vergleich zur Umsetzung in Kapitel 3.3 konnte hier das Fünffache an Substrat in gleicher Zeit umgesetzt werden. Dort konnte mit 250 µl Enzymlösung nur 20 µl Substrat (0,2 mg) umgesetzt werden, bei diesem Versuch (Kapitel 3.5.1) konnten durch 250 µl Enzymlösung 100 µl Substrat (1 mg) vollständig umgesetzt werden. Den Beleg für die vollständige Umsetzung liefert Probe 3, da diese kein Substrat enthielt und folglich keine enzymatische Umsetzung stattfinden konnte.

4.1.5 Rf-Werte zur Darstellung der relativen Laufstrecke in der DC

Der Rf Wert (Retentionsfaktor) ist eine Größe zur Ermittlung der relativen Laufstrecke der Substanz in Bezug auf die Laufstrecke des Laufmittles. Seine Berechnung erfolgt durch die Division der Länge der Laufstrecke des Substanzflecks (S) durch die Länge der Laufstrecke des Laufmittels (L) gemessen vom Auftragungsort aus: $Rf = \frac{S}{L}$. Der Rf Wert ist bei gleicher Stoffklasse, Laufmittel, Laufzeit und Laufmedium eine Konstante, der zum Vergleich verschiedener DC-Experimente dient. Die Rf Werte der Substanzflecken bei –M(1), -M(2), +M, +M/-M und E-Test wurden bestimmt und berechnet. Exemplarisch sind hier die Mittelwerte der Rf-Werte aus drei Versuchen für die Substanzflecken SF1-3 aus den DC-Experimenten +M; +M/-M und E-Test im Diagramm 1 dargestellt. Es zeigt sowohl die Umsetzungen von Sinigrin-Standard als auch die Umsetzung des extrahierten Eigenprodukts.

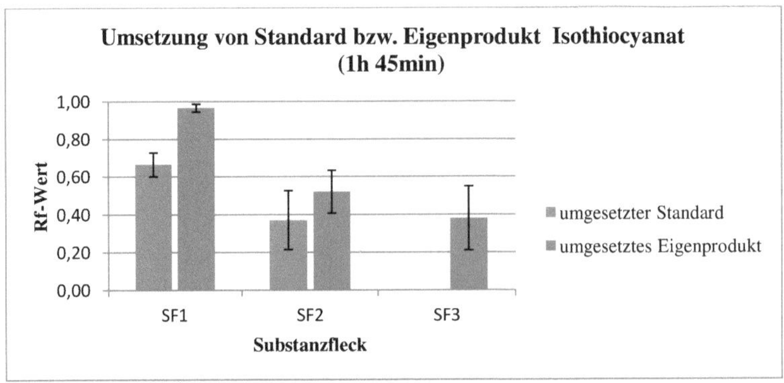

Diagramm 1: Rf-Werte der Substanzflecken von umgesetzten-Standard und umgesetzten-Eigenprodukt

Die Interpretation der Rf-Werte ist in der Diskussion beschrieben.

4.2 Resultate der antibakteriellen Nachweismethoden

4.2.1 Resultat des Hemmtests

Die mit Testsubstanzen getränkten Filterblättchen bewirkten sichtbare Hemmhöfe bei *E.coli* (Abbildung 24 und 26) und *A. tumefaciens* (Abbildung 25 und 27). Auf diese Weise wurde die bakterienhemmende Wirkung der Umsetzungssubstanzen (U EP = umgesetztes Eigenprodukt und U Std = umgesetzter Standard) sowie des Test-Antibiotikums Streptomycin (AB) bei beiden Bakterienstämmen in unterschiedlichen Konzentrationen nachgewiesen. Die sieben Wochen gelagerten Umsetzungen (Alt U) wiesen meist die kleinsten Hemmhöfe auf. Das Antibiotikum wurde als Positivkontrolle verwendet.

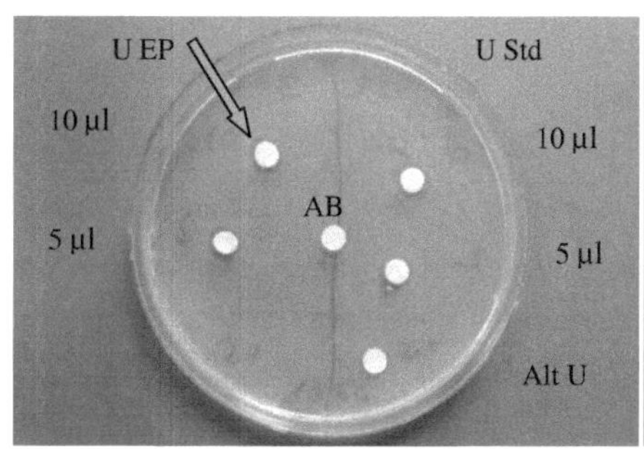

Abbildung 24: Hemmhöfe *E. coli* (80 µl)

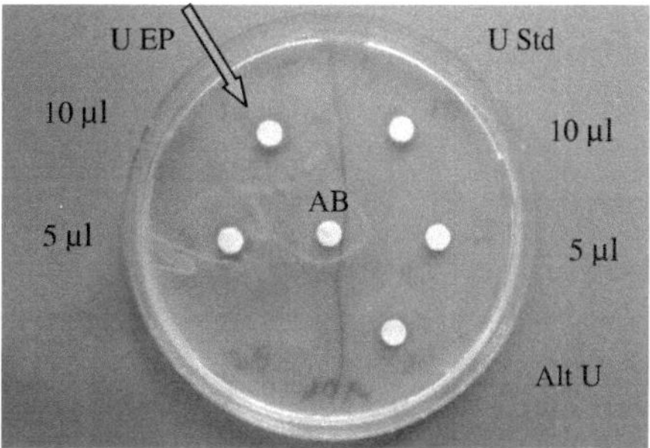

Abbildung 25: Hemmhöfe *A. tumefaciens* (80 µl)

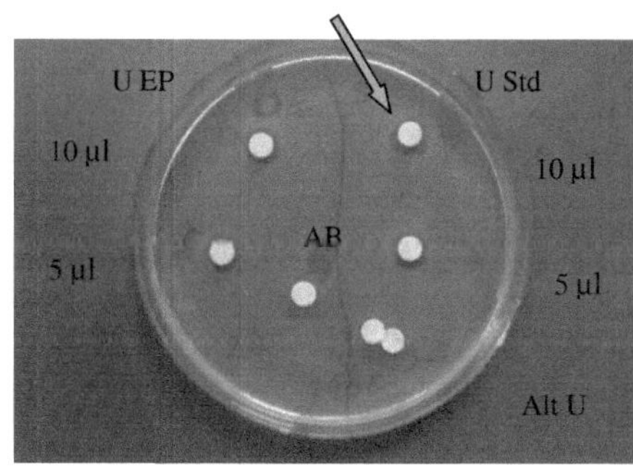

Abbildung 26: Hemmhöfe *E. coli* (200 µl)

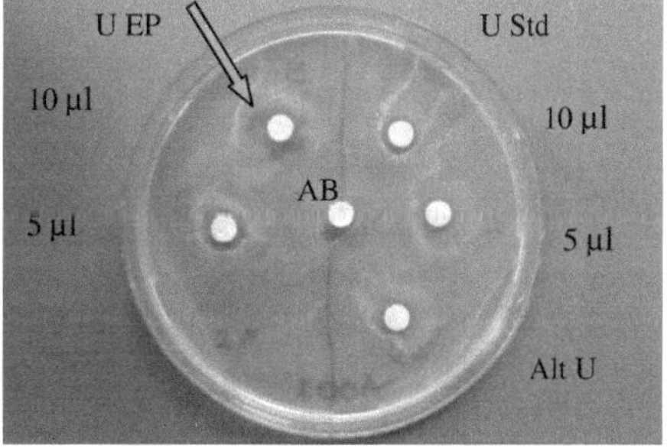

Abbildung 27: Hemmhöfe *A. tumefaciens* (200 µl)

Die roten Pfeile signalisieren besonders gut erkennbare Hemmhöfe.

Ein weiterer Hemmtest zeigte, dass das Standard-Substrat (roter Pfeil in Abb. 28) keine hemmende Wirkung auf *E.coli* und *A. tumefaciens* hatte. Das Eigenprodukt hingegen wies bei *A. tumefaciens* einen sehr geringen Hemmhof auf, die reine Enzymlösung (Enzym Lsg.) dagegen nicht. Bei allen anderen Proben waren schon nach einem Tag Hemmhöfe deutlich sichtbar.

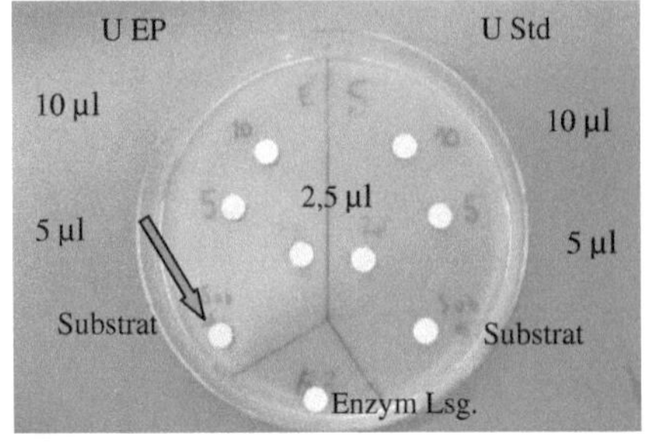

Abbildung 28: Hemmtest 2 *E coli*

Abbildung 29: Hemmtest 2 *A. tumefaciens*

Ferner konnte eine Abhängigkeit der Größe der Hemmhöfe zur Konzentration der Auftragung festgestellt werden. Ein Unterschied in den Hemmhofgrößen bei unterschiedlichen Auftragungsmengen der jeweiligen Bakterienstammlösungen konnte nicht festgestellt werden. Folgende Diagramme zeigen die Mittelwerte der Hemmhofdurchmesser aus verschiedenen Hemmtests. Die gezeigten Konzentrationsabhängigkeiten wurden schematisch als lineare Regression ausgewertet und zeigen bei *A. tumefaciens* die zu erwartende Abhängigkeit der Dosis. Bei *E. coli* ist der Hemmhofdurchmesser bei Auftragung 2,5 µl des umgesetzten Standards nicht nachweisbar.

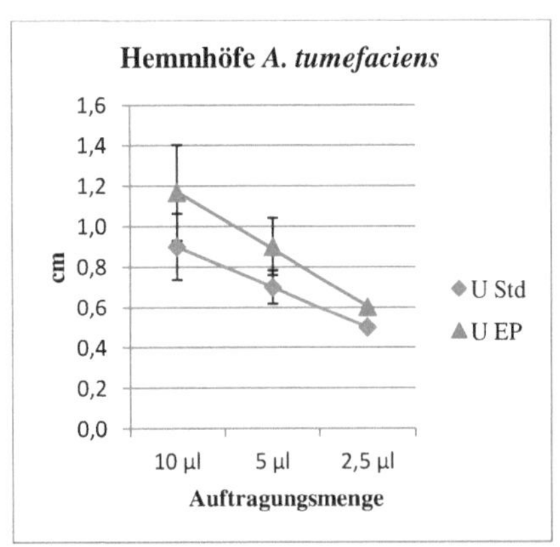

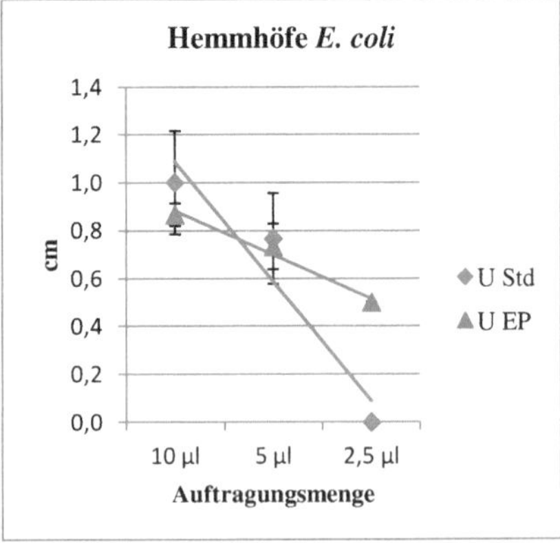

Diagramm 2 und 3: Darstellung der Hemmhöfe in Abhängigkeit von der Konzentration

4.2.2 Resultat der Bioautographie

Mit Hilfe der Bioautographie sollte zusätzlich geklärt werden, welche der Substanzen des umgesetzten Eigenprodukts bakterizid wirken.

Die Bioautographie wies nach der Bebrütung der überschichteten DC Platten für beide Bakterienstämme jeweils zwei sehr nahe liegende Hemmzonen auf. Dies bedeutet, dass der entstandene bakterizide Stoff in den Agar diffundieren konnte und somit die Bakterien der Umgebung eliminiert wurden.

Diese Substanzflecken (siehe roter Pfeil) können, über die UV-Auswertung der Dünnschichtplatte vor der Überschichtung eindeutig dem enzymatisch umgesetzten Eigenprodukt zugeordnet werden. Die Umsetzungsprodukte mit eindeutig bakterizider Wirkung entsprechen Substanzen, welche beim hydrolysierten, käuflichen Sinigrin (Kontrolle) nicht beobachtet werden konnten. Interessanterweise konnte das Umsetzungsprodukt des Standards keine Hemmzone beim Rf-Wert des AITC erzeugen.

Diese bakterienfreinen Regionen waren sowohl bei der überschichteten Platte mit *E. coli* (Abbildung 30) sowie bei der Platte mit *A. tumefaciens* (Abbildung 31) zu sehen. Die Unterschiede der Auftragungsmenge erzeugten sowohl einen Unterschied in den Größen der Substanzflecken auf den Platten, als auch in den Größen der bakterienfreien Zonen. Die Positionen der Substanzflecken des enzymatisch umgesetzten Standards auf der DC Platte wiesen jedoch keine bakterienfreien Zonen auf. Abbildungen 30 und 31 zeigen jeweils die UV-Licht Auswertung der DC-Platten mit den zugehörigen Bioautographien.

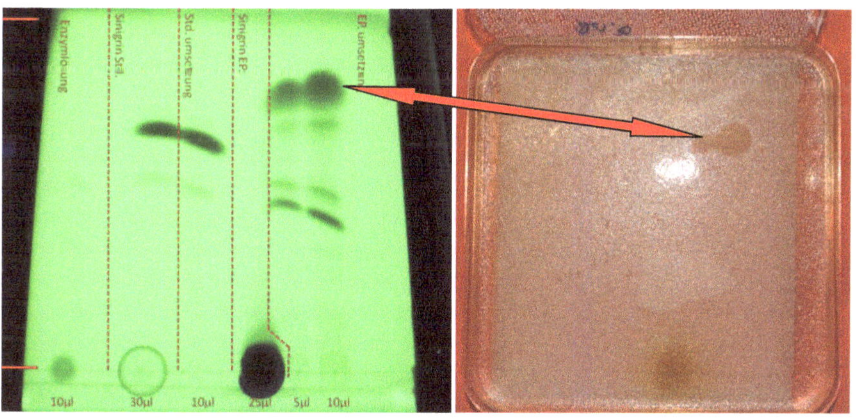

Abbildung 30: DC und Bioautographie *E. coli*

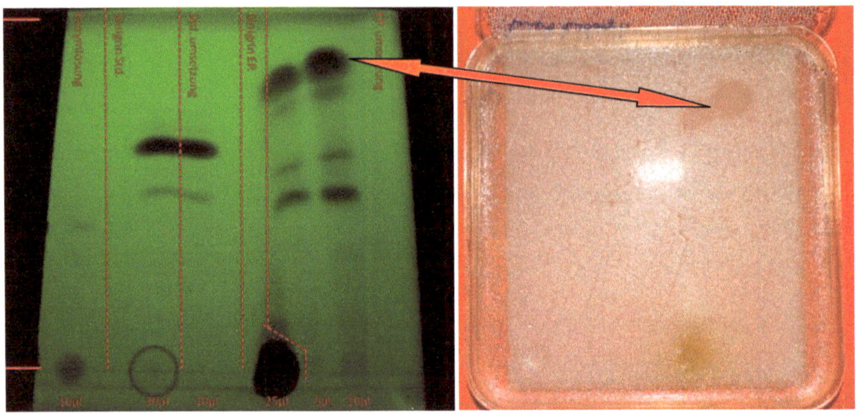

Abbildung 31: DC und Bioautographie *A. tumefaciens*

Die Auftragung der Enzymlösung, des Sinigrin Standards und des Eigenprodukts dienten als Kontrollen. Diese wiesen, wie durch die Hemmtests bereits zu erwarten, keine bakterienhemmende Wirkung in der Bioautographie auf. Somit ist eine durch die Bioautographie identifizierbare antibakterielle Wirkung nur einem Bestandteil des umgesetzten Eigenprodukts zuweisbar (Roter Pfeil).

Nicht eindeutig begründbar dagegen ist, warum die Standardlösung ebenfalls die Banden des Standards nach enzymatischer Umwandlung aufwies (Spur: Sinigrin Standard). Wie unter Kapitel 4.1.3 gezeigt, ließ sich bei der dortigen DC keine Bande für den reinen Standard nachweisen. Dies steht im Widerspruch zu den nachweisbaren Banden der DC bei der Bioautographie und lässt somit Spekulationen über unbeabsichtigte Auftragungsfehler, mögliche Verunreinigung bzw. Eigen-Hydrolyse des Sinigrins zu.

5. Diskussion

Der erste Teilschritt der praktischen Arbeit hatte das Ziel, Sinigrin zu extrahieren. Die Dünnschichtchromatographien (-M(1) und –M(2)) sollten diesen Schritt überprüfen. Deren Auswertung ergab, dass eine eindeutige Identifizierung von Sinigrin im Eigenprodukt nicht möglich war, da das Eigenprodukt aufgrund seiner Vielzahl von Inhaltsstoffen eine Art durchgängigen

Substanzstreifen in der Dünnschichtchromatographie erzeugte, im Gegensatz zum Standard, der als Reinstoff vorlag und nur einen Substanzfleck aufwies.

Der zweite Teilschritt war die Extraktion der zur Umsetzung erforderlichen Myrosinase. Dies war erfolgreich, da die Enzymlösung dazu in der Lage war, das Standard-Sinigrin zu hydrolysieren. Die Dünnschichtchromatographie (+M/-M) bestätigte die Veränderung des Sinigrin-Standards auf Molekülebene nach enzymatischer Umsetzung. Das Enzym, das für diese Katalyse verantwortlich ist, ist in der Literatur eindeutig als Myrosinase beschrieben (Cools, 2012; Lara-Lledó, 2012; Luciano, 2009; Sitte, 1998; Watzl, 2001).

Der dritte Teilschritt war darauf ausgerichtet, das Eigenprodukt und das Standard-Sinigrin mit dem selbstextrahierten Enzym zu hydrolysieren. Die zugehörige Dünnschichtchromatographie (+M) sagte aus, dass das Umsetzungsprodukt des Standards aus zwei verschiedenen Substanzen bestand, das umgesetzte Eigenprodukt jedoch aus drei relevanten Bestandteilen. Ferner waren, bis auf ein Substanzefleckenpaar, keine Übereinstimmungen der Banden zu finden. Die Ergebnisse aus dem Enzymtest (Kapitel 4.1.4; E-Test) zeigten, dass es sich bei dem schwächeren Substanzfleck (Rf = 0,49) des umgesetzten Standards, nur um eine Verunreinigung aus der Enzymlösung handelte. Daher konnte auch bereits die unterste ausgeprägte Bande (Rf = 0,5) des umgesetzten Eigenprodukts als Verunreinigung definiert werden. Dies lässt den Schluss zu, dass es sich bei dem stark ausgeprägten Substanzfleck des umgesetzten Standards um das einzige nachweisbare Umsetzungsprodukt handelte. Im umgesetzten Eigenprodukt kamen zwei Substanzen (Rf = 0,6 und 0,98) als Katalyseprodukt in Frage. Jedoch ist keine der beiden im umgesetzten Standard wiederzufinden. Vor allem bleibt festzuhalten, dass im Eigenprodukt kein Sinigrin und entsprechend im umgesetzten Eigenprodukt kein AITC enthalten war.

Das nächste Ziel der Arbeit war es, die bakterizide Wirkung der Umsetzungsprodukte nachzuweisen und die antibakteriellen Substanzen mittels Bioautographie zu identifizieren.

Die Hemmtests (Kapitel 4.2.1) ergaben, dass die Umsetzungsprodukte von Standard und Eigenprodukt auf *E. coli* und *A. tumefaciens* bakterizid wirkten und ihre Hemmhöfe und ihre Toxizitäten proportional zur applizierten Dosis waren. Ferner wurde bestätigt, dass erst eine enzymatische Umsetzung von Sinigrin-Standard und Eigenprodukt die bakterizide Wirkung verusacht. Auch wurde ausgeschlossen, dass diese bakterizide Wirkung auf die Enzymlösung zurückzuführen ist. Außerdem ist festzustellen, dass die Hemmhöfe der Umsetzungsprodukte bei *A. tumefaciens* generell größer waren als bei *E. coli*. *A. tumefaciens* ist also empfindlicher gegen ITC als *E. coli*. Dies spricht für den eigentlichen Nutzen des ITC in der Natur als Toxin gegen

Pflanzenpathogene (Aires, 2009). *E. coli* dagegen ist als nicht pflanzenpathogenes Bakterium kein natürlicher Feind der Senfpflanze und fungierte hier lediglich als Modellorganismus.

Unklar blieb allerdings, welche(r) Stoff im umgesetzten Eigenprodukt für die bakterizide Wirkung verantwortlich war(en), da durch die DC +M kein AITC nachgewiesen wurde.

Die Bioautographie (Kapitel 4.2.2) zeigte, dass im umgesetzten Eigenprodukt lediglich eine Substanz enthalten war, welche bakterizid wirkte. Desweitern war die Größe der Hemmzone abhängig von der Auftragungsmenge. Unklar hingegen ist, warum das nachweisliche Umsetzungsprodukt des reinen Sinigrins, welches in den Hemmtests eine klare antibakterielle Wirkung aufwies, in der Bioautographie keinerlei bakterienhemmende Banden zeigte. Darüber kann nur spekuliert werden. Eine Möglichkeit wäre z.B., dass das hydrolysierte Sinigrin nicht richtig diffundieren konnte oder dass es bei der heißen Überschichtung mit Agar (55-60°C) zerstört wurde. Eventuell war auch die Konzentration zu gering. Bedeutsamer ist jedoch, dass die Bioautographie funktioniert hat, da der oberste Substanzfleck des umgesetzten Eigenprodukts jeweils einen Hemmhof bei *E. coli* und *A. tumefacien.* bildete. Somit konnte nachgewiesen werden, dass lediglich ein Stoff aus dem Stoffgemisch der Umsetzung des Eigenprodukts bakterizid wirkte.

Betrachtet man alle bisherigen Diskussionspunkte zusammen, kann festgestellt werden, dass es gelang, AITC durch die enzymatische Hydrolyse mit Myrosinase aus käuflichem Sinigrin zu erzeugen. Beleg dafür ist, dass Sinigrin (Reinsubstanz), bei neutralem pH-Wert (Kapitel 2.4) enzymatisch zu AITC umgesetzt wird (Watzl, 2001). Dies ist hier eindeutig gelungen. Ferner spricht die bakterizide Wirkung des umgesetzten Standards dafür, dass es sich um AITC handelt. Für das enzymatisch umgesetzte Eigenprodukt liegt nahe, dass darin kein AITC enthalten war. Möglicherweise war daher im ursprünglichen Eigenprodukt kein Sinigrin enthalten sondern ein anderes Senfölglukosid. Myrosinase katalysiert die Umsetzung aller Senfölglukoside (Dörnemann, 2008). Es könnte daher ein anderes ITC im umgesetzten Eigenprodukt gebildet werden als AITC. Ein weiteres Indiz dafür ist, dass das umgesetzte Eigenprodukt bakterizid wirkte und darüber hinaus nur ein Bestandteil des Umsetzungsgemisches diese Wirkung verursachte. Es wäre daher denkbar, dass es sich bei dem Glukosid im Eigenprodukt aus *Brassica juncea* um das zweithäufigste Senfölglukosid handelt, nämlich Sinalbin (Sinapin-Glukosinolat; Sinapin-4-hydroxybenzylglukosinolat, Abbildung 32).

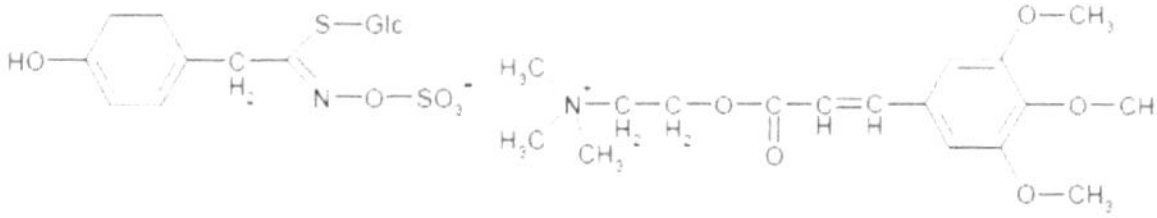

Abbildung 32: Sinalbin

Durch die enzymatische Hydrolyse würde dieses Molekül in ein ITC umgewandelt werden, welches als Substituent eine 4-hydroxy-benzyl-Gruppe besitzt. Die Strukturformel sieht wie folgt aus:

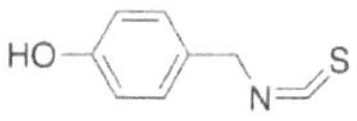

Abbildung 33: 4-hydroxybenzyl Isothiocyanat

Durch den Phenolsubstituenten des 4-hydroxybenzyl Isothiocyanat ist das Moleküls stark unpolar, dies würde dafür sprechen, dass es in der DC (+M) weiter transportiert wurde als AITC (siehe Abbildung 5). Desweiteren ist 4-hydroxybenzyl Isothiocyanat stabiler als AITC. Dies könnte der Grund dafür sein, dass AITC während der Überschichtung der DC Platte bei der Bioautographie zerstört wurde, 4-hydroxybenzyl Isothiocyanat hingegen nicht (Blitzer, 2009). Zur endgültigen Klärung könnte eine Massenspektroskopie des umgesetzten Eigenprodukts Abhilfe schaffen.

Auch ist AITC ein sehr flüchtiges Molekül aufgrund seines niedrigen Siedepunktes und dem niedrigen Dampfdruck von 5 hPa (Witsch A. persönliche Mitteilung). Durch Flüchtigkeit und Dissoziation könnte AITC im umgesetzten Eigenprodukt bereits vor der Dünnschichtchromatographie verloren gegangen sein. Dies erklärt aber nicht, weshalb AITC trotzdem im umgesetzten Standard in nachweisbarer Konzentration vorhanden war, da beide umgesetzten Stoffe ähnlich behandelt wurden.

Ein weiterer Diskussionspunkt ist, ob es nicht sinnvoll wäre, die antibakterielle Hemmfähigkeit des Eigenprodukts auf andere Bakterien hin zu überprüfen, welche humanpathogen sind und über Lebensmittel verbreitet werden bzw. zum Verderb von Lebensmitteln führen. Daraus könnte ein Nutzen für die Lebensmittelindustrie entstehen, da die Lebensmittel über längere Zeit vor Bakterien geschützt wären, ohne Einbringung von Antibiotika beispielsweise in den Deckel. So wurde z.B. bereits mit ITC beschichtete Folien auf ihre Wirkung gegen *Listeria monocytogenes* getestet, welche anschließend in Lebensmittelverpackungen eingesetzt werden sollten (Lara-Lledó, 2012). Diese natürliche Form eines Antibiotikums könnte aus Abfallprodukten der Senfherstellung gewonnen werden und hätte somit auch wirtschaftliche Bedeutung.

Ferner wäre es sinnvoll, das hier verfolgte Verfahren zur Extraktion von Sinigrin zu optimieren, um eine höhere Ausbeute an Senfölglukosid und damit später an ITC zu gewinnen. So wird beispielsweise in der aktuellsten Literatur beschrieben, dass die Sinigrin-Ausbeute am höchsten ist, wenn die Senfkörner in einem Gemisch aus 50 % Acetonitril und 50 % Wasser erhitzt werden (Cools, 2012).

6. Zusammenfassung

Insgesamt ist es gelungen reines Sinigrin in Allyl-Isothiocyanat enzymatisch zu hydrolysieren, und dessen bakterizide Wirkung auf *A. tumefaciens* und *E. coli* zu bestätigen. Das dafür erforderliche Enzym Myrosinase konnte erfolgreich aus Senfkörnern isoliert werden. Im selbstextrahierten Produkt war mit hoher Wahrscheinlichkeit ein anderes Senfölglukosid enthalten, weswegen es bei der enzymatischen Umsetzung zu einem Isothiocyanat hydrolysiert werden konnte. Es gelang, die antibakterielle Wirkung des Umsetzungsprodukts auf *A. tumefaciens* und *E. coli* zu zeigen und die antibakterielle Substanz in der Dünnschichtchromatographie zu identifizieren. Die Versuchsanleitung (Dörnemann, 2008) ist geeignet auch andere Senfölglukoside aus Senfkörnern zu extrahieren. Die Bioautographie in der hier gezeigten vereinfachten Form reicht aus, um bakterizide Substanzen aus einem Stoffgemisch zu identifizieren.

7.   Anhang

<u>Inhaltsübersicht:</u>

7.1   Abkürzungsverzeichnis

<u>Abkürzung</u>	<u>Bedeutung</u>
A. tumefaciens	*Agrobakterium tumefaciens*
AB.	Antibiotikum
AITC	Allyl-Isothiocyanat
Alt.	Alt-Umsetzung
aq.	wässrig
bzw.	Beziehungsweise
DC	Dünnschichtchromatographie
dd.	Doppelt destilliert
E. coli	*Escherichia coli*
EP.	Eigenprodukt
g (Einheit bei Zentrifugen)	Erdbeschleunigung
h	Stunden
ITC	Isothiocyanat
Konz.	Konzentration
LB	Luria Broth
liq.	flüssig
Lsg.	Lösung
min	Minuten
MW	Mittelwert
n.a.	Nicht Auswertbar
OD	Optische Dichte
SF	Substanzfleck (von Laufmittelgrenze ab)
Std Abw	Standardabweichung
Std.	Standard
U	Umgesetzt
z.B.	Zum Beispiel

7.2 Tabellen

E. coli DH5α 80 µl

	10 µl	5 µl	Alt.	AB.
U Std.	1,2	0,9	0,6	
				0,8
U EP.	0,9	0,8		

A. tumefaciens pGV3101PMP90 80 µl

	10 µl	5 µl	Alt.	AB.
U Std.	1,1	0,7	0,6	
				0,6
U EP.	1,0	0,8		

E. coli DH5α 200 µl

	10 µl	5 µl	Alt.	AB.
U Std.	1,1	0,9	n.a.	
				n.a.
U EP.	0,9	0,8		

A. tumefaciens pGV3101PMP90 200 µl

	10 µl	5 µl	Alt.	AB.
U Std.	0,9	0,8	1	
				1,1
U EP.	1,5	1,1		

Tabelle 1: Hemmhofdaten *E. coli* in mm

Tabelle 2: Hemmhofdaten *A. tumefaciens* in mm

Isothiocyanat umgesetzter Std

	SF1	SF2
1h 45min	0,71	0,48
1h 45min	0,62	0,26
MW	0,67	0,37
Std Abw	0,06	0,16

Isothiocyanat umgesetztes EP

SF1	SF2	SF3
0,98	0,6	0,5
0,95	0,44	0,26
0,97	0,52	0,38
0,02	0,11	0,17

Tabelle 3: Rf-Werte des Diagramms 1

A. tumefaciens

U Std	10 µl	5 µl	2,5 µl	U EP	10 µl	5 µl	2,5 µl
U Std	1,1	0,7		U EP	1,0	0,8	
	0,9	0,8			1,5	1,1	
	0,7	0,6	0,5		1,0	0,8	0,6
MW	0,9	0,7	0,5	MW	1,2	0,9	0,6
Std Abw	0,16	0,08	0,00		0,24	0,14	0,00

Tabelle 4: Daten des Diagramms 2

E. coli

U Std	10 µl	5 µl	2,5 µl	U EP	10 µl	5 µl	2,5 µl
U Std	1,2	0,9		U EP	0,9	0,8	
	1,1	0,9			0,9	0,8	
	0,7	0,5	0		0,8	0,6	0,5
MW	1,0	0,8	0,0	MW	0,9	0,7	0,5
Std Abw	0,22	0,19	0,00		0,05	0,09	0,00

Tabelle 5: Daten des Diagramms 3

8.   Abbildungsverzeichnis

9.   Literaturverzeichnis

Ahlheim, K.-H.,. 1983. *Meyers Taschenlexikon Biologie.* Mannheim/Wien/Zürich : B.I.-Wissenschaftsverlag, 1983. S. 120. Bd. 3.

Aires, A., Mota, V. R., Saavedra, M. J., Monteiro, A. A., Simoes, M., Rosa, E. A. S., Bennett, R. N.,. 2009. Initial in vitro evaluations of the antibacterial activities of glucosinolate enzymatic hydrolyses products against plant pahtogenic bacteria. *Journal of Applied Microbiology.* 2009, S. 2096-2105.

Blitzer, J. 2009. Sinalbin. *Römpp Online.* 2009. http://de.wikipedia.org/wiki/Sinalbin.

Cools, K., Terry, L. A.,. 2012. Comperative study between extraction techniques and column seperation for the quantification of sinigrin ant total isothiocyanates in mustard seed. *Journal of Chromatography B.* 2012, pp. 115-118.

Dixon, M.,. 1953. A Nomogram for Ammonium Sulphate Solutions. *Biochemical Journal.* 1953, S. 457-458.

Dörnemann, D.,. 2008. Arbeitsanleitung zum Kurs: "Sekundäre Pflanzeninhaltsstoffe". *Fachbereich Biologie .* [Online] 2008. http://www.uni-marburg.de/fb17/fachgebiete/pflanzenphysio/lehre/fmsekpfl2008/.

Drews, G.,. 1983. *Mikrobiologisches Praktikum vierte Auflage.* Berlin Heidelberg New York Tokyo : Springer-Verlag, 1983. S. 166-172.

Hock, B., Elstner, E. F.,. 1984. *Pflanzentoxikologie.* Mannheim/Wien/Zürich : B.I.-Wissenschaftsverlag, 1984. S. 170,291,294.

Holeman-Wiberg. 1967. Lehrbuch der Anorganischen Chemie. A. F. Holleman. *Lehrbuch der Anorganischen Chemie.* 81-90. Auflage. s.l. : de Gruyter, 1967, S. 11-13.

Kindl, Wöhler. 1975. *Biochemie der Pflanzen.* s.l. : Springer-Verlag, 1975. S. 272.

Lara-Lledó, M., A., Olaimat, A., Holley R. 2012. Inhibition of Listeria monocytogenes on bologna sausages by an antimicrobial film containing mustard extrract os sinigrin. *International Journal of Food Microbiology.* 2012, pp. 25-31.

Löw. Geschichte des Senfs. Löwensenf, Gmbh. http://www.loewensenf.de/1_alles_ueber_senf/1_geschichte/index.php.

Luciano, F. B., Holley R. A.,. 2009. Enzymatic inhibition by allyl isothiocyante and factors affecting its antimicrobial action against Escherichia coli O157:H7. *International Journal of Food Microbiology.* 2009, pp. 240-245.

Rausch, T.,. 1999. Wenn Pflanzen in Stress geraten. *Ruperto Carola.* 1999.

Reusser, P.,. 1967. Eine Methode zur Bioautographie von Dünnschicht chromatogrammen. *Fresenius' Zeitschrift für analytische Chemie.* 1967, Bd. 231, 5, S. 345-349.

Sigma. Sigma-Aldrich. Sigma-Aldrich. http://www.sigmaaldrich.com.

Sitte, P., Ziegler, H., Ehrendorfer, F., Bresinsky, A.,. 1998. *Strasburger Lehrbuch der Botanik.* s.l. : Gustav Fischer, 1998. S. 776f.,325.

Watzl, B. 2001. Glucosinolate. [Hrsg.] Institut für Ernährungsphysiologie Bundesforschungsanstalt für Ernährung. *Ernährungs-Umschau 48.* 2001, Bd. 48, Heft 8, S. 330-333.

Wittstock, U., Kimberly, F., Meike, B.,. 2004. *Die Biochemie der Glucosinolat-Hydrolyse: Wie entschärfen Insekten pflanzliche Senföl-Bomben?* Pflanzenforschung . Ökologie. s.l. : Max-Planck-Institut für chemische Ökologie, 2004.